PARIS. — IMPRIMERIE R. CHAPELOT ET Cᵒ, 2, RUE CHRISTINE

ARTILLERIE DE CAMPAGNE

A TIR RAPIDE

DES

ARMÉES EUROPÉENNES

PARIS

LIBRAIRIE MILITAIRE R. CHAPELOT et Cᵉ

IMPRIMEURS-ÉDITEURS

SUCCESSEURS DE L. BAUDOIN

30, Rue et Passage Dauphine, 30

——

1900

ARTILLERIE DE CAMPAGNE

A TIR RAPIDE

DES ARMÉES EUROPÉENNES

PARIS. — IMPRIMERIE R. CHAPELOT ET C°, 2, RUE CHRISTINE.

ARTILLERIE DE CAMPAGNE

A TIR RAPIDE

DES

ARMÉES EUROPÉENNES

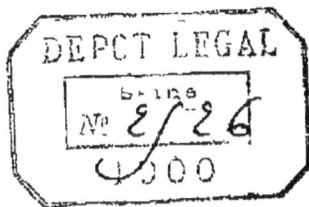

PARIS

LIBRAIRIE MILITAIRE R. CHAPELOT et Cⁱᵉ

IMPRIMEURS-ÉDITEURS

SUCCESSEURS DE L. BAUDOIN

30, Rue et Passage Dauphine, 30

1900

ARTILLERIE DE CAMPAGNE

A TIR RAPIDE

DES ARMÉES EUROPÉENNES

I. — Généralités.

Pendant une période assez longue, on a discuté l'opportunité qu'il y aurait de remplacer le système d'artillerie de campagne en usage dans les diverses armées européennes, par une artillerie à tir rapide. La discussion très complète, très approfondie, mais plutôt théorique, a porté sur les conditions à remplir par cette dernière pour être en mesure de se substituer de la manière la plus avantageuse et la plus pratique à celle qui existait.

En même temps d'ailleurs, mais d'une façon officieuse, de nombreux constructeurs ou inventeurs s'ingéniaient à résoudre le problème et prouvaient le mouvement en marchant. Il serait trop long d'indiquer ici simplement la liste des établissements particuliers qui ont proposé des modèles nouveaux et variés, satisfaisant plus ou moins complètement aux conditions générales qu'on pouvait se proposer. Peu à peu les gouvernements durent suivre ce mouvement, se tenir au courant des expériences et en faire eux-mêmes, puis, plus ou moins secrètement, prendre les dispositions nécessaires pour être en mesure d'adopter, au moment opportun, un système d'artillerie de campagne répondant aux idées qui tendaient à prévaloir et qu'avaient fait naître les progrès réalisés dans la métallurgie et l'usinage, dans les nouveaux explosifs et les nouvelles armes à feu portatives.

Le *Journal des Sciences militaires* a exposé en son temps [1] l'état de la question du nouveau matériel et fait ressortir que la considération de dépense était la cause principale du retard apporté à la transformation radicale de l'artillerie existante. Cette solution n'avait d'ailleurs rien d'urgent tant qu'une grande puissance n'aurait pas donné le signal. Toutefois, ainsi que le fait s'était produit pour les fusils de petit calibre et à tir rapide, il devait suffire qu'une armée prît l'initiative pour que les autres dussent la suivre dans cette voie, afin de ne pas se trouver en état d'infériorité flagrante.

Actuellement la question n'est plus entière, et elle est passée du domaine de la théorie dans celui de la pratique. L'Allemagne, après un essai de transformation de son ancien matériel, a décidé l'adoption d'un système complet d'artillerie de campagne à tir rapide, désigné sous le nom de modèle 1896.

Les autres puissances, comme nous l'avons vu, se tenaient prêtes à suivre le mouvement et avaient en principe arrêté un type dont l'exécution pouvait être réalisée dès qu'on le jugerait nécessaire, tout en cherchant à le perfectionner jusqu'au dernier moment. Tout au moins, pour chacune d'elles, les études ont été poussées au point d'avoir une solution toute préparée soit par l'adoption d'un nouveau matériel, soit par la transformation de l'ancien, soit par une combinaison des deux procédés.

Les divers modèles adoptés, sauf ce qui concerne l'Allemagne, sont entourés d'un mystère presque impénétrable, mais non tel pourtant que, par suite des indiscrétions commises ou des faits notoirement connus, il ne soit possible d'avoir des idées suffisamment nettes sur les idées qui ont prévalu chez les puissances qui ont décidé de modifier leur artillerie de campagne.

Ce sont ces indications générales que nous croyons le moment venu de résumer aussi exactement et aussi succinctement que possible, tout en rappelant au préalable comment les idées se sont précisées et quels sont les principes qui ont prévalu.

---

[1] *Le Canon de l'avenir* ; septembre-octobre 1895.

II. — Principes généraux.

Après la guerre de 1870, on chercha d'abord à améliorer l'artillerie de campagne en augmentant sa puissance, ce qui eut pour conséquence d'alourdir le matériel, et par suite de diminuer sa mobilité. Puis on arriva à perfectionner les projectiles au point de rendre trois ou quatre fois plus puissant l'effet du coup de canon, en substituant à l'obus ordinaire divers systèmes d'obus contenant un nombre de balles toujours croissant.

On se rendit compte que ce dernier résultat avait pu être obtenu sans rien perdre de la mobilité du matériel et, partout, on s'ingénia à trouver, pour un *projectile puissant*, un *matériel mobile* et un *tir rapide*.

On avait donc presque complètement résolu la question de l'efficacité du projectile ; il était facile d'obtenir la mobilité du matériel en diminuant le calibre, ce à quoi on pouvait arriver en conservant à la pièce une puissance suffisante. Il ne restait donc plus qu'à s'occuper d'augmenter la rapidité du tir. Ainsi que nous l'avons dit, divers moyens peuvent être employés pour obtenir ce résultat.

En premier lieu, on peut chercher à accélérer le chargement, surtout en réunissant le projectile à la charge, comme on l'a fait pour la cartouche du fusil.

L'emploi d'une ligne de mire indépendante a permis d'accroître la rapidité du pointage, car, pendant que l'on charge la pièce, le pointeur continue à ne pas perdre le but de vue.

Pour faciliter le retour en batterie, on a cherché, sinon à supprimer, du moins à limiter le recul. L'emploi de bêches de crosse, solution trop simple à laquelle on a songé d'abord, n'était pas pratique avec des affûts rigides. On fut obligé de constater qu'il était difficile ainsi d'obtenir le pointage en direction, que le matériel était soumis à des chocs violents qui ne tardaient pas à le disloquer, sans compter l'inconvénient d'ajouter un certain poids à un matériel déjà trop lourd.

En vue de corriger ces inconvénients, on a songé à remplacer les affûts rigides par des *affûts à déformation*, c'est-à-dire composés de plusieurs parties mobiles les unes par rapport aux autres. Un lien élastique est généralement interposé entre le canon et le point d'appui fourni par la bêche de crosse ; il a pour but, non seulement de ramener la pièce à sa position initiale, mais encore, ce qui est plus difficile, d'empêcher l'affût de soulever les roues.

On peut ramener à deux types principaux les divers affûts à déformation connus : 1° le système à pivot ; 2° le système à coulisse. Ils sont caractérisés chacun par la manière dont la direction est donnée à la pièce.

Dans le *système à pivot*, un grand affût, portant la bêche de crosse et l'essieu, est relié par un pivot vertical à un petit affût disposé sur le précédent et portant le canon. Généralement un lien élastique est interposé entre le canon et le petit affût. La direction est donnée à la pièce en faisant pivoter le petit affût sur le grand.

Ce système présente l'inconvénient, dans le cas le plus général, de faire déplacer légèrement les roues sous l'effort du recul, ce qui change l'orientation. Après un tir de quelque durée, le petit affût ne pourra plus suffire à donner la direction voulue à la pièce, et l'on sera forcé alors de déplacer la crosse.

Dans le *système à coulisse*, le grand affût rigide porte la bêche de crosse, mais non l'essieu ; celui-ci peut glisser dans une coulisse transversale pratiquée à l'avant de cet affût. Le canon est supporté par un berceau monté sur le grand affût et qui peut prendre un mouvement d'avant en arrière, sans changer d'orientation, alors que, dans le système à pivot, le petit affût peut pivoter, mais non reculer. Le lien élastique est interposé entre le berceau et le grand affût. Pour donner la direction, on fait glisser la coulisse le long de l'essieu au moyen d'un dispositif à crémaillère, de sorte que c'est l'affût qui pivote autour de la crosse, sans déplacement sensible de l'essieu.

A défaut d'expériences concluantes, on peut dire que, théoriquement, le système à coulisse paraît préférable.

La nouvelle *voiture-pièce* (canon, affût et avant-train) pèse au plus 1800 kilogrammes, c'est-à-dire qu'elle conserve d'excellentes conditions de mobilité dans tous les cas.

On a admis en moyenne le *calibre* de $0^m,75$, au-dessous duquel on risquerait de diminuer trop sensiblement l'efficacité du tir, car le projectile n'aurait plus une capacité suffisante pour contenir assez de balles et il ne serait plus possible d'observer sûrement son point d'éclatement. D'ailleurs, les progrès réalisés dans les explosifs ont permis d'obtenir des effets destructeurs plus puissants qu'avec les anciens projectiles plus lourds. Grâce aux progrès réalisés dans la balistique, on a pu également augmenter la longueur des obus et le poids des projectiles de petit diamètre; mais, pour que la bouche à feu reste commode à manier, on a dû ne pas lui donner une longueur exagérée.

Les *boucliers*, destinés à protéger les servants contre les balles et la mitraille, ont leurs avantages et leurs inconvénients. Ils permettent aux servants de rester plus calmes sous le feu et à la pièce de tenir plus longtemps contre une infanterie rapprochée; mais ils ont pour conséquence une augmentation de poids du matériel, une gêne dans le service et une facilité d pointage pour l'ennemi; néanmoins, ils sont en faveur.

Avec le canon à tir rapide, il n'est pas possible d'obtenir une très grande *vitesse initiale*, car, eu égard au poids qu'on peut donner à ce canon, la suppression du recul ne pourrait être obtenue avec une vitesse initiale dépassant 500 mètres environ, à moins de donner à l'affût des proportions inaccoutumées, comme le propose le général Engelhardt.

Il ne faut pas songer actuellement à réaliser *l'unité de calibre*, les Allemands eux-mêmes reconnaissent qu'il faut renoncer à poursuivre le principe de l'unification de bouche à feu, et que deux espèces au moins sont nécessaires : une légère, très mobile, pour le tir de plein fouet et ayant un calibre suffisant pour les objectifs ordinaires; l'autre, plus lourde, peu mobile, pour le tir courbe et assez puissante pour venir à bout des obstacles les plus résistants. En un mot, la même pièce ne peut réunir la légèreté et la puissance; c'est pourquoi, outre la pièce ordinaire de campagne, on a adopté partout une pièce d'un calibre plus fort : en France, le 120 court; en Allemagne, l'obusier de campagne de 15^{cm}, et il semble que ce dernier calibre ne doit pas être dépassé pour cette espèce de pièce.

De même qu'on n'a pu arriver à l'unité de calibre pour les bouches à feu, il n'a pas été possible non plus de réaliser *l'unité de projectile* pour les pièces de campagne. On a dû adopter deux espèces d'obus nouveaux. Le premier est un obus à mitraille, avec enveloppe d'acier relativement mince, contenant un nombre assez élevé de balles ; la charge d'éclatement, noyée à l'arrière, fait projeter les balles en gerbes ; ce projectile est destiné à agir surtout contre les troupes par ses balles et ses éclats, bien qu'agissant également par le choc contre les obstacles. Le deuxième obus est à contenance d'explosif et il agit spéciale- ment contre les obstacles par le choc, mais sa faible capacité limite son efficacité.

Une des conséquences forcées de la rapidité du tir est l'aug- mentation de la consommation des munitions. Il a donc fallu prévoir les moyens d'en amener une quantité suffisante sur le champ de bataille. On a remédié en partie à cette difficulté en profitant du remaniement général pour alléger les nouvelles voi- tures, tout en leur assurant une résistance convenable, de sorte que, avec le même nombre de chevaux, on peut transporter un plus grand nombre de projectiles, et comme, en outre, ceux-ci sont plus légers que les anciens, avec un même poids transporté, on dispose d'une quantité relativement plus considérable. Mais ce ne serait là qu'un palliatif insuffisant si l'on ne trouvait un autre moyen d'apporter un remède plus complet soit en ré- duisant le nombre des batteries, soit en faisant usage des auto- mobiles dans de certaines conditions.

C'est en tenant compte des considérations précédentes qu'il sera plus facile de suivre les indications qu'il a été possible de recueillir sur le matériel étranger.

III. — Allemagne.

Artillerie de campagne, modèle 1896.— Un ordre impérial du 27 mars 1897 a prescrit l'adoption, pour l'armée allemande, d'un nouveau système d'artillerie de campagne, qui sera désigné sous le nom de mod. 96. Jusqu'alors il y avait, pour cette artillerie, unité de modèle il est vrai, mais comportant trois espèces de canons, deux sortes d'affûts et d'avant-trains. Il n'existe plus actuellement qu'un modèle unique ; la pièce des batteries à cheval ne se distingue de celle des batteries montées que par la suppression des sièges pour les servants, d'où il résulte, pour les premières, une diminution de poids de 30 kilogrammes.

Bouche à feu. — Le *canon*, en acier-nickel (métal Krupp), se compose d'un tube renforcé à la partie postérieure par une jaquette. Celle-ci se prolonge à l'arrière, de manière à former le logement du mécanisme de fermeture. Toute la partie gauche de la culasse a été échancrée pour faciliter la charge. Le canon porte un tourillon venu de fonte avec la jaquette, et pénétrant dans un porte-canon rattaché lui-même à l'affût (*fig.* 1).

A l'intérieur, le tube présente 32 rayures progressives, à l'inclinaison finale de 7°. La chambre du projectile, rayée, se relie

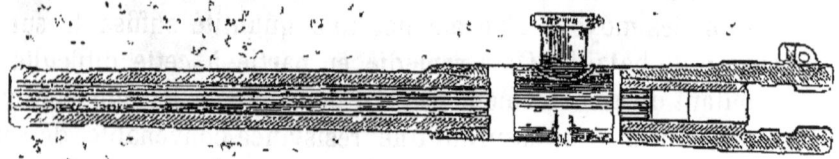

Fig. 1.

à la chambre à poudre par un cône de raccordement, contre lequel vient buter la ceinture de l'obus.

Le calibre est de 77ᵐᵐ, la longueur totale du tube de 27 calibres (2ᵐ,079). Le canal de la hausse est disposé de manière à corriger automatiquement la dérivation normale correspondant à chaque distance.

Mécanisme de fermeture (fig. 2). — Ce mécanisme consiste essen-

Fig. 2.

tiellement en un coin plat qui se meut horizontalement dans la mortaise de culasse. Le coin est pourvu intérieurement d'un mécanisme actionnant un percuteur qui s'arme automatiquement quand on ouvre la culasse. L'obturation est assurée par la douille métallique de la gargousse, dont le culot s'appuie, quand la culasse est fermée, contre une plaque d'acier portée par le coin et percée au centre d'un trou pour le passage du percuteur. En avant de son bourrelet, la douille est saisie par les griffes d'un extracteur. La culasse s'ouvre en faisant glisser le coin à droite (au lieu de le faire glisser à gauche comme auparavant), ce qui facilite la charge.

Le coin se manœuvre au moyen d'une vis de culasse, comme l'ancien canon. Le grand bras de la manivelle porte un *bouton de sûreté* destiné à maintenir la culasse fermée pendant les déplacements et à empêcher le dérangement accidentel du percuteur (*fig.* 3).

Fig. 3.

On charge la pièce, on introduit le projectile par l'arrière, suivant l'axe du canon. La gargousse, engagée latéralement, est enfoncée à la main jusqu'à ce que le bourrelet de la douille vienne buter contre les griffes de l'extracteur.

Un couvercle de fermeture protège le mécanisme de fermeture de culasse contre la poussière pendant les marches.

Porte-canon (fig. 4). — Cet organe, intermédiaire entre le canon et l'affût, permet de donner au canon de petits déplacements latéraux, par rapport au plan de symétrie de l'affût.

L'appareil de pointage en direction consiste en une vis qui, par son mouvement horizontal dans un écrou relié au porte-canon, entraîne avec elle le canon et le fait pivoter sur le porte-canon.

L'appareil de pointage en hauteur est indiqué dans la figure 5.
Le pointage en hauteur et le pointage en direction s'effectuent

Fig. 4.

au moyen de volants placés immédiatement sous la main du
pointeur.

Fig. 5

Affût. — C'est un affût rigide à bêche de crosse (*fig.* 6). Les
flasques convergents sont en tôle d'acier. L'essieu est creux. Les
roues ont un diamètre de $1^m,20$, inférieur de $0^m,20$ à celles de
l'affût mod. 73. L'abaissement de l'essieu assure à la voiture
plus de stabilité. L'affût porte un coffret destiné à recevoir des
accessoires et qui sert en même temps de siège au pointeur.
Le recul du canon est en principe limité par un frein à cordes
analogue au *frein Lemoine*, et qui peut servir également comme
frein de route. Dans le cas où ce frein est insuffisant et *toutes*

les fois qu'on exécute un feu rapide, on se sert d'une *bêche de crosse à rabattement*. Le bras droit de cette bêche porte une chaîne que l'on engage, lorsque la bêche est abaissée, dans un crochet fixé au flasque droit. Cette disposition de frein n'a pu

Fig. 6.

être adoptée qu'en raison de la faible vitesse initiale du projectile (moins de 480 mètres).

Munitions. — Les munitions se composent de gargousses et de projectiles, non réunis sous la forme de cartouches, disposition qui n'a pas pour effet d'augmenter la vitesse du tir.

La *gargousse de guerre* est formée d'une douille en laiton, avec bourrelet et amorce au culot. La charge se compose de 580 grammes (au lieu de 640 grammes) d'une poudre dont l'aspect extérieur rappelle celui de la filite ou de la cordite. Cette poudre est moins brisante que celle employée précédemment, à cause de la diminution des dimensions de la chambre à poudre. La douille vide n'est pas éjectée automatiquement par suite du départ du coup; elle est attirée vers l'arrière et saisie par un servant qui la jette par-dessus la roue gauche de l'affût.

Les deux *projectiles* adoptés, shrapnel et obus, ont même forme extérieure et sensiblement même longueur, environ 4 calibres (au lieu de 2 calibres 1/2 auparavant), et même poids, environ 6^k,800.

Le *shrapnel*, à enveloppe d'acier, est à charge arrière et sa charge d'éclatement est à poudre à grains fins ; les balles, mélangées à un composé fumigène, sont au nombre de 300, du poids total de 3 kilogrammes ; sur l'enveloppe, se visse une calotte qui reçoit la fusée et qui saute au moment de l'éclatement.

Fusée mod. 96 (fig. 7). — Cette fusée, à double effet, est à cadran à deux étages. Elle porte une graduation en distance,

Fig. 7.

qui va de 400 à 5,000 mètres. La goupille est enlevée avant la charge au moyen d'un anneau ; en magasin et pour le transport, l'anneau est rabattu sur la fusée, de manière à la coiffer.

Avant-train. — Il n'y a qu'un modèle d'avant-train pour la pièce et le caisson. L'essieu et les roues de cet avant-train sont semblables à ceux de l'affût.

Le coffre s'ouvre par l'arrière, au moyen d'une porte qui se rabat en formant tablette. Il est divisé en trois compartiments : les deux latéraux contiennent ensemble 36 coups, répartis par 4 dans des paniers à munitions. Le compartiment du milieu est destiné aux accessoires.

Approvisionnement total. — L'approvisionnement total d'une batterie est de 1008 coups, dont 216 portés par les avant-trains de pièce et 792 coups contenus dans les neuf caissons. Cet approvisionnement est donc de 168 coups par pièce. Il n'était que de 142 coups 1/2 avec l'ancien matériel.

Tir. — Tout en permettant une rapidité de tir beaucoup plus grande, on a limité à 30 coups par minute la vitesse maximum du tir permise pour une batterie, soit à 5 coups par pièce, dans le but de réduire la consommation des munitions.

La trajectoire est plus tendue que celle du modèle antérieur. à 2,000 mètres, la flèche, qui était de 48 mètres auparavant. n'est plus que de 36 mètres. On peut déduire des diverses données que les limites d'efficacité des feux d'artillerie admises jusqu'ici sont augmentées, pour le nouveau canon, d'une longueur variant de 600 à 1000 mètres.

Principales données numériques. — Ces données sont les suivantes :

Calibre du canon	millim.	77
Longueur du canon	mètres.	2,70
Nombre de rayures		32
Diamètre des roues de l'affût.	mètre..	1.20
Poids de la voiture en batterie.	kilogr..	925
Poids de la pièce	kilogr..	{ 1670 à 1700
Poids du shrapnel	kilogr..	6,8
Longueur en calibres		4
Nombre de balles		300
Poids de la charge de la gargousse.	gram..	580
Vitesse initiale	mètres.	465
Nombre de coups par pièce.		168

La comparaison de ces données permet de constater que la nouvelle pièce est plus efficace que l'ancienne pièce lourde, tout en étant plus légère que l'ancienne pièce allemande. Les diverses parties du projectile correspondent sensiblement aux poids et proportions indiqués dans les rapports de l'usine Krupp comme ne devant pas être dépassés.

Nouveaux obusiers de campagne. — Un certain nombre de journaux allemands ont reproduit récemment la note suivante, d'allure assez mystérieuse :

« Il résulte de nombreuses expériences que les obus-torpilles n'ont pas donné de bons résultats dans le tir sur des buts placés derrière des couverts. En conséquence, on a eu l'idée de revenir aux anciens obusiers, et l'on a réussi à construire une pièce remplissant toutes les conditions voulues et joignant une grande puissance à une justesse remarquable. Au cours des essais, qui se continuent sans interruption, on a déjà obtenu des résultats parfaits. Il y a lieu de faire observer que les projectiles tirés par cet obusier sont munis d'une fusée perfectionnée, en ce sens que ses effets sont retardés. En d'autres termes, l'obus muni de ce dispositif et tiré sur des maisons, des murs ou des retranchements, n'éclate qu'après avoir traversé en partie le but et produit, par conséquent, son effet maximum. En raison de ce qui précède, notre artillerie de campagne possède une avance considérable sur celles de toutes les autres puissances, et occupe ainsi, d'une façon incontestable, le premier rang. »

D'après les *Jahrbücher für die deutsche Armee und Marine,* cette nouvelle pièce a reçu la dénomination d'*obusier de campagne mod.* 1898. Elle a été adoptée pour l'armement du groupe de trois batteries de pièces à tir courbe qui fait partie de l'artillerie de chaque corps d'armée. Son calibre est de 10cm,15, et le poids du projectile de 16 kilogrammes environ. Les diverses de parties cette bouche à feu sont semblables en principe à celles du canon mod. 96.

Les projectiles sont un shrapnel et un obus brisant munis de la fusée à double effet. La gargousse, entièrement métallique, ne se prêtant pas facilement à l'emploi de charges différentes, on a adopté une douille courte pourvue d'un bourrelet et portant l'appareil d'amorçage.

Réorganisation. — En même temps qu'elle procède à la réfection de son matériel, l'Allemagne prépare une réorganisation complète de son artillerie de campagne. Les tendances qui paraissent prévaloir à ce point de vue peuvent être résumées comme il suit :

1° L'organisation au temps de paix doit se rapprocher le plus

possible de celle du temps de guerre, d'où nécessité de multiplier les régiments ;

2° L'endivisionnement permanent de l'artillerie est désirable pour assurer la liaison intime de cette arme avec l'infanterie ;

3° Les batteries à cheval de l'artillerie de corps, n'ayant plus leur raison d'être, doivent être supprimées, et l'artillerie de corps serait répartie entre les divisions.

On peut ainsi faciliter l'entrée en action immédiate de toute l'artillerie des corps d'armée de première ligne, familiariser l'artillerie avec les formations de l'infanterie et donner aux chefs les moyens de se préparer aux commandements qu'ils doivent exercer.

IV. — Angleterre.

État de la question. — Le ministre de la guerre se préoccupe de mettre l'artillerie de campagne et l'artillerie à cheval à hauteur de celles des puissances continentales. Cette question a d'autant plus d'importance que, en Angleterre, on a adopté divers modèles nouveaux depuis une vingtaine d'années, sans jamais supprimer complètement les pièces des modèles antérieurs.

Le dernier type, adopté en 1897, est du calibre de 3 pouces (76^{mm},2) et la bouche à feu pèse 360 kilogrammes. Le canon, en acier, se compose d'un tube intérieur et d'une jaquette portant les tourillons. La fermeture de la pièce est assurée par une vis de culasse qui prend appui, dans le tir, sur la jaquette ; la vis et le mécanisme d'obturation sont du système de Bange.

L'affût modèle II a, comme partie caractéristique, un petit affût qui pivote autour de l'essieu et est supporté, à l'arrière, par la vis de pointage. Le recul de la bouche à feu, limité par un frein hydraulique, se traduit d'abord par un déplacement de 0^m,10 environ de la pièce par rapport à ce petit affût, puis par un déplacement de l'ensemble de l'affût, qui se trouve réduit à presque rien par l'action d'un appareil d'enrayage. L'ensemble de cet appareil est organisé de façon qu'on peut, sans dégager la bêche enfoncée dans le sol, donner à l'affût les petits déplacements nécessaires pour le pointage en direction. La vitesse de tir obtenue est de 5 coups par minute. Le frein hydraulique est relié, d'une part, au petit affût et, de l'autre, à la culasse. La course du piston est de 10 cent 16 ; en avant du frein sont enroulés des ressorts en volute, qui produisent le retour de la pièce à la position de tir.

On a adopté assez récemment des *obusiers de campagne* de 5 pouces (127^{mm}), analogues à nos canons de 120 court. Cette pièce est supportée par un berceau qui porte de chaque côté un cylindre de frein hydraulique et deux cylindres pour les ressorts récupérateurs. Le recul est ainsi réduit à 0^m,13.

Il y a lieu encore de faire remarquer que l'artillerie anglaise construit ses canons en fils d'acier, alors que ces canons ne sont encore guère qu'à l'état d'étude dans les autres puissances. On sait que ce procédé consiste à enrouler autour du tube-canon des fils d'acier, qui le renforcent comme le font les frettes et lui permettent de supporter des efforts beaucoup plus énergiques qu'avec le mode de frettage ordinaire.

Études. — Des études sont faites en vue d'adopter un matériel d'artillerie à tir rapide. On a commandé à MM. Vickers sons et Maxim une batterie complète de canons de 12 livres pour l'armement de l'artillerie à cheval.

La nouvelle pièce, avec son avant-train pourvu de 40 coups, pèse 1520 kilogrammes. La vitesse de tir atteint 9 coups par minute et l'affût est très solide. La vis-culasse, munie d'un obturateur de Bange, est très courte, très légère et organisée de manière à être ouverte d'un seul mouvement. Le feu est mis par un système à percussion. L'énergie du recul est absorbée par un frein hydraulique conjugué avec un ressort, dont le rôle est de ramener la pièce à sa position première.

Le gouvernement aurait également invité l'arsenal de Woolwich, ainsi que les maisons Armstrong, Withworth et C° et Vickers sons et Maxim à présenter chacune un type de canon de campagne à tir rapide tirant un projectile de 15 livres.

D'après le *Daily Chronicle* du 31 mars dernier, le résultat des nombreuses expériences faites avec ces diverses pièces aurait abouti à l'adoption définitive du matériel Vickers sons et Maxim, savoir : un canon de 15 pr. pour l'artillerie montée et un canon de 12 pr. pour l'artillerie à cheval. Ces pièces ne seraient, en quelque sorte, que des canons *automatiques* Maxim perfectionnés.

D'après d'autres, il y aurait un système de vingt pièces du matériel précité, allant du calibre de 37^{mm} à celui de 304^{mm},8 Les dispositions générales de ces pièces seraient : frettage à l'aide de fils d'acier ; obturateur de Bange ; fermeture à vis de l'ingénieur suédois Axel Welin, caractérisée par la disposition des secteurs filetés qui, au lieu d'alterner avec des secteurs lisses, sont juxtaposés les uns aux autres, leurs rayons allant successivement en croissant d'une hauteur de filet et, sur les douze secteurs, il suffit d'en avoir un qui soit lisse, de sorte que, pour retirer la vis, il suffit de lui faire accomplir un douzième de tour. La surface d'appui est ainsi portée de 1/2 à 11/12, ce qui a permis de diminuer d'une quantité correspondante la longueur de la vis.

Le pointage s'exécute avec une lunette dite hausse télescope Scott.

L'affût, à retour automatique, présente une large bêche fixée à l'extrémité arrière d'un frein hydraulique qui s'étend sous la flèche. Autour de la tige du cylindre de frein est enroulé un ressort à boudin, qui remplit le rôle de récupérateur et ramène la pièce à sa position primitive. La bêche est réunie à l'affût par deux chaînes un peu lâches, qui permettent de faire varier légèrement le pointage en direction sans changer la bêche de place.

Pour la pièce de campagne, de 76^{mm},2, le poids du projectile est de 5^k,675 ; de la charge (cordite), 454 grammes ; du canon, 290 kilogrammes ; de la pièce et de l'avant-train chargé à 40 coups, de 1220 kilogrammes.

La vitesse initiale est de 518 mètres.

Une communication faite à la Chambre des communes indique que la construction de ces nouvelles batteries est commencée.

Le secret est bien gardé sur les expériences qui ont pu être faites, ainsi que sur les essais concernant les projectiles brisants : on sait seulement que l'explosif employé dans ces essais, la lyddite, se compose principalement d'acide picrique.

V. — Autriche-Hongrie.

Modifications apportées. — En attendant qu'il soit possible de procéder à une réfection complète de son matériel de campagne, l'artillerie autrichienne a modifié ses canons actuels de manière à les mettre en état de soutenir la lutte dans des conditions acceptables avec l'artillerie à tir rapide.

C'est ainsi qu'on a apporté au canon de campagne de 9 centimètres, modèle 1875, des modifications qui, à peu de frais et en peu de temps, ont permis d'augmenter notablement la vitesse du tir. Toutes les pièces de canon ainsi transformées ont pu exécuter leurs tirs de 1898 en donnant des résultats très satisfaisants.

Les améliorations apportées ont pour objet, d'une part, d'augmenter notablement la vitesse du tir et, d'autre part, de rendre le service de la pièce plus facile et moins pénible, tout en empêchant les mises de feu prématurées.

Ces diverses modifications portent sur les points suivants :

1º Adoption d'un frein-éperon destiné à diminuer le recul qui, de 2 ou 3 mètres, est réduit à 0m,40 ou 0m,30 avec cet appareil. Celui-ci se compose d'un éperon, ou bêche de crosse, surmonté d'une armature reliée à la plaque de dessus de flèche. Avant le tir, la bêche est plus ou moins enfoncée dans la terre, suivant la nature du sol. Au moment où le coup part, l'affût recule et la bêche pivote autour de sa tranche en achevant de s'enfoncer dans le sol. Du milieu de l'armature de l'éperon se détache vers l'avant une forte tige horizontale qui porte une série de ressorts Belleville ; à l'avant de ces ressorts est enfilé un tampon métallique annulaire qui est fixé à l'affût. Pendant le recul, la bêche de crosse est entraînée jusqu'à ce que le frottement sur le sol ait annulé le mouvement de l'affût, c'est-à-dire de 0m,80 à 1 mètre. La détente des ressorts Belleville a pour effet de ramener ensuite la pièce en avant jusqu'à 0m,80 de sa position primitive. Le tir est ainsi rendu plus rapide, au point que l'on peut arriver très facilement à tirer jusqu'à 6 coups par minute. Le poids total du frein est de 22 kilogrammes ;

2º Addition d'un couvre-lumière, destiné à boucher la lumière et à empêcher la mise en place de l'étoupille tant que la culasse n'est pas complètement fermée, de manière à éviter les accidents pendant l'exécution des feux rapides ;

3º Emploi d'un obturateur modèle 1896, de même force mais de dimensions moindres que l'ancien ; cet obturateur a pour objet d'assurer une obturation complète avec la poudre à faible fumée récemment adoptée ;

4° Modification de la hausse, en vue de rendre inutile tout changement du curseur de cette dernière pendant l'exécution du tir à mitraille ;

5° Adoption d'un nouveau shrapnel modèle 1896/96 a qui, avec le même poids environ ($6^k,9$ au lieu de $6^k,52$), contient 250 balles en plomb durci d'un poids de 13 grammes et une charge de poudre de 120 grammes, tandis que l'ancien ne renfermait que 152 balles de 10 grammes chacune et une charge de poudre de 90 grammes. Ce nouveau shrapnel a une efficacité beaucoup plus grande que l'ancien, et, comme sa charge d'éclatement est supérieure, son point d'éclatement est également plus facile à observer ;

6° Un dispositif spécial assure le décoiffage automatique des shrapnels et l'arrachement automatique de la goupille de sûreté, amélioration qui permet d'éviter une certaine perte de temps ;

7° L'adoption des nouveaux shrapnels a eu pour conséquence la suppression des boîtes à mitraille, qui ne se tirent pas plus vite que les premiers ;

8° Pour faciliter l'opération du réglage de la fusée, qui exige de la part du servant beaucoup d'attention et de calme, on a adopté une *clef de réglage automatique*. La précision de ce réglage, la rapidité et l'uniformité des opérations sont ainsi sensiblement augmentées ;

9° On a adopté un *sac à étoupilles modèle* 1896, dans lequel les étoupilles sont aménagées de telle sorte qu'elles se présentent tout naturellement à la main du servant. C'est là un détail qui permet de tirer parti de la plus grande vitesse de tir de la pièce de campagne modifiée, en donnant au servant chargé de ce service la possibilité d'introduire l'étoupille et de faire feu immédiatement après le chargement.

Études pour un nouveau matériel. — Le comité technique militaire expérimente actuellement un nouveau matériel d'artillerie de campagne qui, d'après l'*Armeeblatt*, comprendra deux sortes de bouches à feu en acier : un canon à trajectoire rasante, c'est-à-dire une pièce à tir rapide du calibre de 7 centimètres, et un canon à trajectoire courbe, autrement dit un obusier de campagne de 12 centimètres, à chargement par la culasse.

Le journal autrichien ajoute que les expériences faites par le Comité technique avec ce nouveau matériel sont sur le point d'être terminées. La difficulté qui, jusqu'à présent, a retardé la conclusion finale, serait dans la construction de l'affût. On veut que celui-ci remplisse les conditions voulues pour permettre à la nouvelle pièce de conserver, avec la rapidité de tir nécessaire, la légèreté et la mobilité suffisantes pour obtenir des déplacements subits. Cette légèreté et cette mobilité sont reconnues indispensables aux canons à tir rapide pour être en mesure d'affirmer, au moment voulu, leur supériorité sur les fusils à répétition de petit calibre.

D'autre part, il s'écoulera un certain temps avant que le ministère de la guerre obtienne les crédits nécessaires à la fabrication de tout le nouveau matériel et avant que les troupes en soient pourvues. Dans ces conditions, il est probable que le canon modifié ne sera pas remplacé de sitôt. Il est d'ailleurs en mesure de lutter sérieusement avec d'autres canons à tir rapide, car sa vitesse de tir paraît suffisante. Il y aurait lieu toutefois, à ce point de vue, de prendre les dispositions nécessaires pour augmenter les approvisionnements en munitions à la disposition immédiate de ces pièces.

VI. — Espagne.

Études faites. — Les considérations budgétaires n'ont pas permis à l'artillerie espagnole d'entrer aussi activement dans la voie des expériences sur le canon à tir rapide, que sa réputation le lui imposait et qu'elle le désirait. Mais elle n'a pas cessé de se tenir pratiquement au courant des divers modèles présentés par les industriels, et elle a fait suivre attentivement par ses officiers les essais faits dans cette voie.

Ces officiers ont rédigé un rapport fort intéressant à la suite de leur mission. En conséquence, au mois d'août 1896, le général directeur de l'artillerie espagnole a invité la Commission d'expériences de Madrid à lui soumettre des propositions sur les types de canons à tir rapide qu'il conviendrait d'expérimenter.

D'après la *Revue d'Artillerie* de septembre 1897, la Commission a résumé comme il suit ses conclusions :

1º Le canon à tir rapide a acquis actuellement une puissance qui le rend acceptable pour le service de campagne ;

2º En égard à l'état du matériel de l'artillerie espagnole, il y a urgence à faire des expériences pour l'adoption d'un nouveau matériel ;

3º On ne doit admettre le nouveau matériel qu'à la condition de pointer après chaque coup. Comme le temps nécessaire pour cette opération dépend non seulement des appareils de pointage, mais aussi de l'amplitude du recul, la presque annulation de celui-ci est d'une importance primordiale ;

4º La Commission admet le calibre de 75^{mm} avec un projectile pesant 6^k,500 ;

5º Il y a lieu d'adopter une douille métallique et, si l'agencement dans les coffres peut se faire dans de bonnes conditions, de réunir les projectiles à la charge ;

6º Les boucliers présentent plus d'inconvénients que d'avantages ;

7º Il y a lieu d'expérimenter l'obusier de 12 centimètres, à cause de la nécessité du tir courbe en campagne ;

8º Le matériel de campagne nouveau du colonel Sotomayor et le matériel de montagne du lieutenant-colonel Ordoñez devront figurer parmi ceux qui seront mis en expérience.

Les modèles de *canons de campagne* signalés comme devant être expérimentés sont les canons *Krupp*, *Maxim-Nordenfelt* et de *Saint-Chamond*, tous trois de 75^{mm}.

Les modèles de *canons de montagne* sont les mêmes : le Krupp a un affût résistant et peu délicat, mais la pièce est moins robuste que dans les autres types ; le Saint-Chamond est le plus puissant, mais le mécanisme est plus compliqué ; le Maxim a une puissance intermédiaire et une bonne fermeture de culasse.

Il résulte, d'ailleurs, de renseignements donnés par le *Mémorial de l'Artillerie*, que le modèle de Saint-Chamond l'a emporté sur les autres, mais que, comme on voudrait donner la préférence au Krupp, on a déjà expérimenté jusqu'à six modèles successifs d'affûts de cette dernière maison, sans obtenir, toutefois, des résultats aussi satisfaisants qu'avec le modèle d'affût présenté par la première dès 1895, et sans qu'on l'ait invitée à le modifier.

VII. — France.

Renseignements généraux. — On sait que, en France, l'artillerie cache avec un soin jaloux tous les modèles nouveaux adoptés, aussi bien comme fusils que comme canons. Nous avons vu que l'Allemagne, au contraire, s'empresse de publier complètement tout ce qui est admis officiellement, car on y a pour principe qu'il ne suffit pas de posséder un matériel perfectionné, mais encore qu'il faut savoir en tirer tout le parti possible. Or, pour arriver à ce résultat, les Allemands estiment que non seulement les propriétés et la manœuvre d'un nouvel armement doivent être bien connues de ceux qui sont appelés à s'en servir, mais encore de l'armée entière, qui a intérêt à être tenue au courant de ce qui concerne les progrès réalisés dans les autres armes, afin de savoir le degré de confiance à leur accorder et la manière de les utiliser.

Chez nous, on sait qu'un nouveau matériel d'artillerie de campagne à tir rapide a été adopté et que, plus ou moins secrètement, on en a construit une quantité suffisante pour en pourvoir toutes les batteries. Mais un grand nombre de nos officiers ne connaissent pas ce nouveau matériel et, sans songer à critiquer ce mystère qui doit évidemment avoir sa raison d'être, on peut regretter de n'être pas à même de prouver au ministre de la guerre allemand qu'il se trompe, lorsqu'il affirme à la tribune que le nouveau canon de campagne allemand est très supérieur au nôtre. Bien qu'une affirmation ne soit pas une preuve, elle a toujours une certaine valeur et peut avoir une certaine influence lorsqu'elle vient de haut et qu'elle n'est pas rétorquée par des arguments probants.

L'opinion régnante des cercles militaires allemands est que notre nouveau canon de campagne n'a ni la simplicité, ni la solidité, ni peut-être la puissance du canon allemand. Nous ne savons où ils ont pu puiser cette conviction présomptueuse, car nous sommes persuadé, au contraire, que notre nouveau canon est hors de pair et il serait facile de le démontrer si on le jugeait à propos.

Quoi qu'il en soit, nous nous garderons bien de commettre aucune indiscrétion sur notre nouveau matériel, et nous nous bornerons à relever ici les indications qui ont été données à ce sujet dans diverses publications.

Tout d'abord, le nouveau canon, du système Deport, est en acier au nickel, du calibre de 75^{mm}, et il n'existe plus de modèle

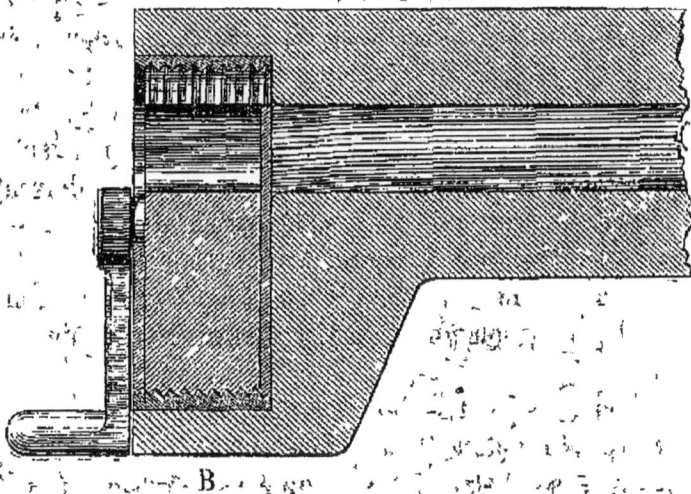

Fig. 8.

spécial aux batteries d'artillerie attachées aux divisions de cavalerie. En effet, le nouveau canon, ne pesant pas plus que l'ancien 80 et ayant une efficacité plus grande, répond largement à toutes les exigences. On pourra trouver sous ce rapport un avantage au point de vue de la facilité de réapprovisionnement, puisque les projectiles seront les mêmes que pour l'artillerie montée.

(On s'est préoccupé également du choix de la pièce destinée à remplacer le 80^{mm} actuel des batteries de montagne. On a fait des expériences dans ce but avec un canon à tir rapide de 75^{mm} destiné aux batteries alpines, aux corps stationnés en Algérie et en Tunisie, ainsi qu'aux troupes de la marine détachées dans les colonies.)

La fermeture de culasse est du système Nordenfelt. Cette fermeture est une merveille de simplicité et de bon fonctionnement.

En voici le principe : Elle est constituée par une vis, dont la section perpendiculaire à l'axe présente la forme d'un croissant (voir *fig.* 9). L'axe de la vis ne coïncidant pas avec celui de la pièce, le mouvement est excentrique; et une simple rotation de 180 degrés ferme ou découvre l'âme de la pièce. La figure 8 donne une coupe schématique de la pièce, les figures 9 repré-

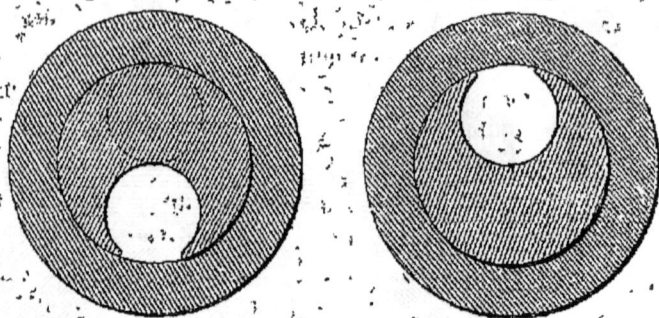

Coupe suivant A B.
Culasse fermée.   Culasse ouverte.
Fig. 9.

sentent la section de la culasse suivant A B, dans ses deux positions.

On sait que l'artillerie allemande continue à employer la fermeture à coin qui, bien qu'offrant une grande sécurité. a le désavantage d'être d'une manœuvre plus compliquée.

Le modèle d'affût adopté comporte de notables perfectionnements sur celui du 120 court, dont il sera question ci-après. L'affût du nouveau canon est à frein hydropneumatique, complété par un ressort. La détente de l'air et celle du ressort opèrent le retour en batterie. Une fois la bêche de crosse ancrée dans le sol, la pièce reste fixe. Deux canonniers, assis sur la pièce, assurent le service; ils sont protégés par un bouclier en tôle d'acier.

La bouche à feu est portée par un berceau pouvant se mouvoir autour d'un axe vertical. Elle est donc susceptible d'un déplacement qui permet, non seulement de rectifier le pointage en direction sans toucher à la crosse, mais encore, pendant le tir rapide à shrapnel, de déplacer peu à peu le pointage, de façon à « faucher »; une seule pièce couvre ainsi de projectiles un espace de 2 hectares.

Le caisson se place roue à roue avec la pièce. Le pourvoyeur, chargé en même temps de graduer la fusée, se place pendant le tir à couvert dans le caisson, qui est également revêtu d'une plaque de tôle d'acier sur la face tournée vers l'ennemi.

Les projectiles sont : 1° un obus à mélinite, qui s'emploie contre les buts inanimés : maisons, murs, etc.; 2° un shrapnel en acier, à charge arrière, contenant 250 balles selon les uns, 300 suivant d'autres. Le shrapnel provoquerait un épais nuage de fumée, qui empêcherait l'ennemi de voir et de pointer.

La pièce doit pouvoir tirer 22 coups par minute (d'après le général russe Engelhardt), et la vitesse initiale du projectile être d'environ 480 mètres.

Le chargement se fait au moyen de cartouches à douille métallique, contenant le projectile, la gargousse et l'amorce : il suffit d'engager la cartouche dans le canon et de refermer la culasse pour être prêt à faire feu. La douille métallique est expulsée automatiquement par l'ouverture de la culasse.

Encore une fois, nous regrettons que la défense de donner des renseignements officiels sur notre nouveau canon ne nous ait permis de présenter de celui-ci qu'une idée trop vague. Nous serions désolé surtout que l'on pût inférer, de ces notions superficielles et générales, que la valeur de notre nouveau matériel est inférieure à celle des artilleries étrangères. Nous ne saurions trop répéter que, au contraire, notre nouvelle artillerie de campagne est supérieure sous tous les rapports à celle des autres puissances, mais ce n'est pas notre faute si nous ne pouvons pas le prouver.

Canon de 120 court. — Pour le tir courbe, c'est-à-dire [pour atteindre des adversaires abrités derrière des épaulements, on ne peut avoir recours à la pièce ordinaire de plein fouet, à trajectoire tendue. En outre, la pièce ordinaire de campagne de 75mm ou environ n'a pas toujours la puissance nécessaire pour détruire les obstacles matériels, maisons, retranchements, etc., qui s'opposent à la marche des troupes. C'est pourquoi l'on a adopté assez récemment un canon de 120mm court, à tir rapide, pouvant lancer sous de grands angles des projectiles puissants, qui vont fouiller tous les plis de terrain, éclater derrière toutes les masses couvrantes où l'ennemi pourrait s'abriter, et qui font du tir à obus-torpilles contre les obstacles résistants. Cette pièce est assez mobile pour passer à travers champs et elle est à tir rapide à raison de la suppression du recul obtenue comme il sera dit.

Le *canon proprement dit* est en acier, avec jaquette vissée vers le milieu du tube et appuyée contre des ressauts pratiqués vers l'arrière de celui-ci, et frette de culasse.

Le *mécanisme de culasse* comprend une vis de culasse, qui sert à fermer la culasse, un volet qui sert à supporter et à diriger la vis pendant l'ouverture ou la fermeture de la culasse, et un mécanisme d'obturation, porté par la vis, et qui sert à empêcher les fuites de gaz à l'arrière.

Un *manchon à tourillons*, en bronze, enveloppe le canon en son milieu ; il est réuni au canon par l'intermédiaire du frein hydropneumatique et à l'affût par les tourillons.

L'*affût* se compose de deux parties principales : 1° un grand affût portant l'essieu et faisant pour ainsi dire office de plate-forme ; une bêche est rivée à la crosse de cet affût, laquelle a pour but d'empêcher le déplacement du grand affût et de s'opposer au recul de celui-ci par l'effet de la pression que l'action du frein exerce sur la crosse ; 2° un petit affût, ou affût proprement dit, qui repose sur le grand, où il peut se mouvoir circulairement.

Un *frein hydropneumatique* sert à supprimer presque complètement le recul de la pièce : il se compose d'un corps de pompe en acier, contenant de l'huile minérale, relié au canon par la lunette de la frette de culasse, et d'un réservoir d'air ou récupérateur, en bronze, vissé dans la lunette du manchon à tourillons. Lorsque le coup part, le canon recule dans le manchon, en entraînant le corps de pompe. Le frein est agencé intérieurement, de manière que ce mouvement presse sur le liquide (glycérine) contenu dans le corps de pompe, et le force à s'écouler en soulevant une soupape chargée et en comprimant l'air du récupérateur, ce qui limite le recul au maximum à 0m,475. A la fin du recul, l'air comprimé exerce une poussée sur le liquide pour le faire rentrer par de petits orifices dans le corps de pompe et pour ramener celui-ci en avant et le canon en batterie.

L'*appareil de pointage en direction* permet de faire tourner le petit affût sur le grand. Le pointage s'effectue d'ailleurs très rapidement, parce que le grand affût ne se déplace pour ainsi dire pas et que la pièce se trouve toujours à peu-près pointée au moment de son retour en batterie.

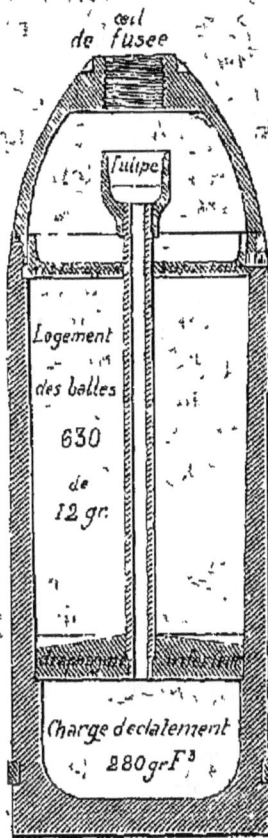

œil
de fusée

Tulipe

Logement

des balles

630

de
12 gr.

Charge d'éclatement

280 gr F³

Fig 10.

Le canon de 120 court tire un shrapnel spécial, dit *obus à balles, mod.* 1891 (*fig.* 10), qui a une longueur de 4 calibres environ, est en acier et présente un grand vide intérieur rempli de mélinite. Il est terminé par un œil dans lequel est vissée une gâine contenant le système d'amorçage ; une fusée percutante est vissée dans la gaine.

L'explosion de l'obus se produit au moyen d'une fusée en bronze, vissée dans l'œil du projectile ou dans la gaine.

Le chargement en balles comprend 630 balles environ, en

plomb durci, de 12 grammes chacune. Ces balles sont noyées dans de la colophane et recouvertes d'un mélange de résine et de cire jaune.

L'obus est entièrement peint en jaune et pèse environ 20ᵏ,350.

Les obus allongés sont susceptibles de produire des effets de choc et surtout d'explosion considérables contre les obstacles résistants. En effet, ce projectile est à double diaphragme ; c'est un obus-canon, c'est-à-dire que, grâce à sa charge-arrière relativement élevée et à la résistance de son enveloppe, qui ne se déforme pas dans le tir, il fonctionne, lors de l'éclatement, comme un véritable petit canon qui projette violemment sa mitraille.

La *gargousse* est formée par une charge de poudre B C, dite *poudre sans fumée* (poudre en lamelles d'aspect corné, réunies en fagot) et une amorce de poudre Cᵗ (poudre noire à gros grains), destinée à faciliter l'inflammation de la poudre sans fumée. Cette charge est renfermée dans un sachet en toile amiantine (tissu en bourre de soie), qui brûle dans l'âme du canon sans laisser de traces.

Renseignements numériques sur le canon de 120ᵐᵐ court :

Diamètre de l'âme	millim.	120
Longueur totale du canon	mètre..	1,70
Nombre de rayures..		36
Poids total du canon	kilogr..	690
Poids de l'arrière-train	kilogr..	1475
Poids de l'avant-train	kilogr..	890
Poids de la voiture-pièce complète	kilogr..	2,365
Poids de la voiture-caisson	kilogr..	2,360
Poids du projectile	kilogr..	20,350
Nombre de balles		630

VIII. — Italie.

Solution adoptée. — D'après la *Revue d'Artillerie* de mai 1898, le gouvernement italien a ouvert, en 1897, un concours pour l'établissement d'un matériel d'artillerie à tir rapide. En même temps, les établissements d'artillerie de Naples et de

Turin étaient invités à étudier un nouveau matériel satisfaisant le mieux possible aux exigences modernes.

Les six modèles présentés n'ont pas donné de résultats satisfaisants et le concours sera probablement recommencé. Il ne semble pas d'ailleurs que l'artillerie italienne ait l'intention de remplacer dès maintenant son matériel actuel.

Ce matériel se compose de canons de 7 centimètres pour 84 batteries de campagne et de montagne. La commission de la Chambre des députés a décidé que ce matériel, déjà vieux de 25 ans, devait disparaître le plus tôt possible, pour être remplacé par un matériel à tir rapide d'un nouveau modèle, dont le ministre de la guerre prononcera l'adoption dès que les expériences en cours seront terminées.

On conservera provisoirement le matériel de 9 centimètres, dont sont pourvues 201 batteries, en lui faisant subir les modifications essentielles en vue de la mission appropriée à son rôle dans la guerre moderne. Il a été question d'un dispositif très simple, permettant de tirer un bon parti de ces pièces, dont la transformation serait en cours d'exécution. On a parlé aussi d'expériences comparatives avec trois systèmes de culasse et de mise de feu destinés à supprimer l'emploi de l'étoupille. Ces essais, qui ont eu lieu en mars 1898, avec des « canons de 9 centimètres réduits », ont donné des résultats très satisfaisants au point de vue de l'accélération du tir. Cette accélération serait due aussi en grande partie à un frein de crosse.

Il résulte donc, des diverses informations, que l'on a adopté une solution mixte pour l'artillerie italienne. D'une part, le matériel de 7 centimètres sera remplacé à bref délai par un matériel à tir rapide complètement nouveau, dont le modèle ne peut tarder à être adopté ; d'autre part, le matériel de 9 centimètres, transformé en matériel à tir accéléré, sera conservé quelque temps encore.

La commission a proposé d'ouvrir au ministre un premier crédit extraordinaire de 15,500,000 francs qui sera réparti sur plusieurs exercices financiers à fixer, dès que le nouveau matériel sera définitivement choisi.

IX. — Russie.

Etudes et expériences. — La première expérience faite en Russie pour l'adoption d'une artillerie à tir rapide fut dirigée par le général Engelhardt. Elle aboutit à faire remplacer l'affût rigide modèle 1877 par l'affût modèle 1895 articulé, à bêche de crosse élastique et coussins en caoutchouc, assurant le retour en batterie après un recul de 0m,30. La vitesse de tir fut ainsi doublée.

Cet affût, très rustique, a donné des résultats satisfaisants et est bien approprié aux conditions du climat. Mais le général n'en a pas moins continué ses recherches, et il a fait insérer récemment, dans l'*Invalide Russe*, une note détaillée sur le matériel de campagne qu'il a fait construire dans les usines de l'Etat et expérimenter comparativement avec les matériels présentés par les principaux établissements étrangers.

Il a été amené à donner la préférence au caoutchouc sur les ressorts métalliques, dont le fonctionnement n'est pas toujours régulier, et sur les freins pneumatiques, dont les organes sont peu connus en Russie et peu appropriés au climat.

L'affût Engelhardt ressemble dans ses traits généraux à l'affût Nordenfelt : un petit affût mobile fixé invariablement aux roues. Des ressorts en caoutchouc limitent le recul et ramènent la pièce en batterie; un appareil hydraulique amortit les chocs et régularise leur action.

Cet affût est beaucoup plus long que les affûts alors existants, en vue de répondre à l'accroissement de vitesse initiale, celle-ci devant être non de 450mm, mais de 600mm. Cette longueur est en quelque sorte proportionnelle à la vitesse initiale, à laquelle le général russe ne veut rien sacrifier. Pour éviter le reproche adressé aux shrapnels russes d'avoir une faible action aux distances supérieures à 3,000 mètres, le général russe admet qu'il faut accroître leur vitesse initiale et, par suite, s'accoutumer aux affûts à dimensions peu ordinaires.

On voit donc que, dans la création de ce nouvel affût, le général Engelhardt a fait une œuvre bien personnelle. De même, il donne la préférence aux caissons à deux roues sur les caissons à 4 roues, pour les raisons suivantes : avec l'artillerie à tir rapide, il faudra augmenter l'approvisionnement près des pièces; or, avec les caissons à 4 roues et à 6 chevaux, on ne pourrait réaliser cette augmentation d'approvisionnement sans accroître le nombre des attelages actuels de l'artillerie. Il n'en serait pas de même avec le caisson à 2 roues et à 2 chevaux; en effet, un caisson à 6 chevaux transporte 80 projectiles de $6^k,5$, tandis que les 6 chevaux de trois caissons à 2 roues en transportent 120, soit la moitié en plus.

Le général propose de réduire le nombre des pièces de la batterie de 8 à 6. Il y aurait ainsi 12 chevaux disponibles, qui pourraient être utilisés pour atteler 6 caissons à 2 roues. L'approvisionnement de la batterie serait ainsi augmenté de 240 projectiles, avec le même nombre de chevaux, et la nouvelle batterie de 6 pièces aurait encore plus d'efficacité et pourrait envoyer beaucoup plus de projectiles dans le même temps que la batterie existante.

Comme terme de comparaison, le matériel à remplacer par l'artillerie à tir rapide pouvait tirer 4 coups à la minute; il pourrait aller à 6 coups si on lui appliquait le principe de la cartouche métallique.

« L'affût français, dit le général Engelhardt, peut donner, paraît-il, 22 coups à la minute; le mien, pour un pointage parfait, ne donne pas plus de 16 coups; mais, si l'on admet chez nous le tir en plates-bandes (tir systématiquement conduit en direction et en portée) pratiqué par l'artillerie française, tir qui dispense de repointer après chaque coup, j'estime que mon affût ne sera pas inférieur à l'affût français. »

Voici les principales données du matériel à tir rapide établi par le général Engelhardt dans les usines de l'Etat:

Calibre.............................. millim.	76
Poids du projectile.................... kilogr..	6,300
Vitesse initiale........................ mètres.	600
Poids de la bouche à feu.............. kilogr.	276
Poids de la voiture-pièce............. kilogr..	1720
Nombre de coups tirés à la minute............	14
Nombre de cartouches portées par l'avant-train...	36

On expérimente d'ailleurs d'autres canons, et une dépêche de St-Pétersbourg a annoncé récemment que le ministre de la guerre

fait étudier en ce moment la question de l'adoption d'un nouveau
canon inventé par un lieutenant russe. L'invention consiste dans
une importante amélioration apportée au canon Canet à tir
rapide. Ce nouveau canon peut tirer 20 coups par minute.

Néanmoins, tout porte à croire que, si la Russie se décide à
changer le matériel à tir rapide qu'elle possède actuellement et
qui a été le premier effectivement en service, ce sera pour adopter
celui du général Engelhardt, indiqué plus haut. Mais il semble
que rien ne la presse d'adopter un nouveau système.

X. — Norvège.

Commande de batteries d'essai. — D'après l'*Allgemeine
Schweizerische Militärzeitung* du 29 juillet, la Norvège, après
avoir expérimenté les différents modèles récents de canons à tir
rapide pour l'artillerie de campagne, s'est décidée à commander
aux usines du Creusot quatre batteries du modèle Schneider-
Canet.

« Cette résolution, dit l'organe suisse, est à signaler, car la
compétence de la commission norvégienne en pareille matière est
bien connue. Elle nous intéresse d'une façon toute particulière,
parce que l'organisation militaire de la Norvège ressemble
beaucoup à celle de la Suisse.

« Comme la commission suisse chargée de la réorganisation de
l'artillerie de campagne s'occupe actuellement de la recherche
d'un nouveau canon, la détermination prise par la Norvège pour
son artillerie aura certainement sur cette commission une certaine
influence. »

XI. — Suisse.

Etudes et projets. — La Suisse s'est préoccupée depuis longtemps de l'adoption d'un canon à tir rapide. Dès 1896, le gouvernement fédéral avait fait une étude très complète des conditions
auxquelles devait répondre le matériel en question et les avait
résumées dans un projet dont voici les principaux éléments
numériques :

Calibre	millim.	75
Poids du projectile	kilogr..	5,800
Vitesse initiale	mètres.	500
Nombre de balles de shrapnel		263
Longueur de la bouche à feu	mètres.	2 à 2,20
Poids du canon avec fermeture	kilogr..	250 ou 300
Poids de l'affût équipé	kilogr..	320 ou 270
Poids de la pièce en batterie	kilogr..	570
Poids de l'avant-train avec munitions	kilogr..	570
Poids de la voiture-pièce, équipée	kilogr..	1140
Nombre de coups transportés par batterie		1056 ou 1152
Nombre de coups transportés par pièce		176 ou 192

En 1898, des essais ont été faits, au champ de tir de Thoune, en présence d'une commission spéciale, avec quatre modèles de pièces présentés par les usines du Creusot, de Saint-Chamond, Krupp et Cockerill.

La commission a donné la préférence au matériel Krupp. Six pièces de ce modèle ont été commandées en vue de former une batterie qui a dû servir, en 1899, pour l'exécution d'essais en grand. Néanmoins, la commission doit continuer à expérimenter un affût établi par les ateliers de construction de la Confédération et à poursuivre les expériences sur la fermeture de culasse Nordenfelt. Enfin des études et des essais seront entrepris au sujet de la poudre destinée aux nouvelles pièces.

Le conseil fédéral estime qu'il faudra de 17 à 18 millions pour doter l'artillerie de campagne et l'artillerie de montagne de canons à tir rapide et d'un premier approvisionnement de munitions. Le Département militaire complétera en quatre années le nouvel armement des 56 batteries de campagne et des 4 batteries de montagne qui existent actuellement.

Ces 60 batteries seront réparties entre : 8 régiments division-
naires à 4 batteries ; 4 régiments de corps à 6 batteries ; 1 régiment de montagne à 4 batteries [1].

Nous croyons à propos de donner quelques renseignements
sur le matériel Krupp dont il est question ci-dessus. Le canon,
de 75mm de diamètre et de 2m,10 de longueur, est du poids de
410 kilogrammes. L'appareil de fermeture ressemble à celui du
nouveau canon allemand et tout l'ensemble diffère peu de ce
dernier. Les projectiles, du poids de 6k,500, consistent en
shrapnels et en obus à anneaux. Le shrapnel renferme 250 balles
de plomb pesant 11 grammes chacune. Ces projectiles sont
enfermés dans une douille métallique et tirés avec une charge de
0k,500 de poudre sans fumée.

En février dernier, la commission d'expérience a fait des
essais avec des canons de divers systèmes et d'une construction
perfectionnée. Elle a constaté que les pièces dont la bouche à
feu glisse, pendant le recul, sur un affût fixe, permettent un tir
accéléré, mais sont d'une construction trop compliquée pour le
service en campagne. Elle a fixé son attention sur un modèle
amélioré Nordenfelt-Cockerill, sans frein hydraulique, avec
sabot monté sur une bielle à ressort d'un système fort ingé-
nieux qui absorbe le recul. Une batterie de pièces de ce genre
a été commandée et doit être mise en essai, l'automne prochain,
concurremment avec la batterie Krupp, commandée il y a
deux ans.

XII. — Ravitaillement des munitions.

Moyens employés ou proposés. — L'adoption du canon à tir
rapide a pour conséquence forcée une augmentation considérable
dans la consommation des munitions, et le moyen d'y remédier
constitue un problème important et difficile. Ainsi, depuis
l'adoption du fusil à tir rapide pour l'infanterie, il a fallu tripler

---

[1] D'après les renseignements donnés plus haut à propos de la Norvège, il
n'a pas encore été adopté de solution définitive et des expériences ou études
sont encore en cours.

le nombre de ses voitures à munitions, et encore la diminution du poids des cartouches procure un allégement beaucoup plus sensible que celui qui résulte de la diminution du poids des projectiles d'artillerie.

On a naturellement profité de la réfection du matériel pour diminuer le poids des voitures sans nuire à leur résistance, de sorte que chacune d'elles peut transporter une quantité plus grande de projectiles, d'abord en raison de l'allégement du matériel, puis en raison de la diminution de poids du projectile. Mais ce n'est là qu'un palliatif insuffisant pour parer à la consommation considérable des munitions. On ajoute que le tir rapide du canon, comme pour le fusil, sera l'exception et qu'il faudra savoir n'en faire usage que dans des cas bien déterminés, sur des buts bien saillants, à bonne portée, en un mot, lorsque l'on sera sûr que ce tir peut donner de bons résultats. Cela revient à dire que la nouvelle artillerie devra, en principe, économiser ses munitions pour les prodiguer au besoin à bon escient. Mais cela n'empêchera pas qu'elle consommera plus de munitions que précédemment et qu'il serait bon de ne pas lui en laisser manquer dans les cas où elle sera à même d'en faire un excellent usage.

Il reste en conséquence à augmenter le nombre des caissons de munitions de première ligne. Mais sans compter qu'on n'est pas sûr de pouvoir toujours parer à des besoins nouveaux en chevaux, il est impossible de songer à un allongement nouveau des colonnes, ainsi que le prouve l'auteur d'une étude parue ici-même[1] et à laquelle nous renvoyons. Il y aurait lieu, par suite, de réduire de trois à deux le nombre des batteries, en faisant porter cette réduction sur le nombre des batteries, et non sur le nombre des pièces de la batterie. C'est là une solution qui paraît d'autant plus pratique que, même avec cette réduction du nombre des batteries, on obtiendrait des effets bien supérieurs à ceux réalisés par l'ancienne artillerie.

On a aussi indiqué, pour diminuer l'allongement des colonnes et le nombre de leurs chevaux, l'application possible de l'automobilisme au transport des parcs et du matériel lourd. Les

[1] *Etude sur l'Organisation d'une Artillerie à tir rapide*, décembre 1896.

progrès réalisés dans ce genre de traction mécanique sont assez sérieux, les expériences assez probantes pour que l'on puisse faire fond sur leurs résultats et essayer d'en tirer parti régulièrement. Il est évident qu'il ne faut pas songer, dans l'état actuel de la question, à employer des automobiles pour le service de première ligne, mais il semble que rien n'empêche de les utiliser avantageusement pour le transport des parcs et convois. Il est juste d'ajouter que des études sont faites à ce point de vue et que des commissions techniques suivent tous les essais que l'on peut tenter pratiquement dans cet ordre d'idées. Le grand-duc Wladimir de Russie a même proposé de faire traîner les canons et les caissons par des avant-trains automobiles ; les chevaux seraient réservés aux servants et pourraient aider au besoin à franchir les mauvais pas[1].

Nous devons signaler à ce sujet que le colonel Renard, en poursuivant ses études et expériences pour obtenir, en vue de la navigation aérienne, un moteur aussi léger et aussi puissant que possible, est parvenu à construire un appareil immédiatement appropriable à la navigation maritime et à la traction sur route. Un moteur de ce genre, remorquant un train de trente voitures, sera mis à l'essai cette année pendant les grandes manœuvres d'armée en Beauce.

XIII. — Mitrailleuses.

Emploi. — Jusqu'à présent, il n'a pas été question de mitrailleuses, qui pourtant, malgré qu'on les ait qualifiées d'infanterie condensée, n'en constituent pas moins une artillerie à tir rapide, pouvant rendre de réels services dans des conditions déterminées. Mais ce sont précisément ces conditions sur lesquelles on ne parvient pas à se mettre d'accord pour la guerre de campagne.

Quoi qu'il en soit, il ressort d'une information, publiée récemment par la *Post* de Strasbourg, que l'on a remarqué que, dans une inspection passée par le général inspecteur du corps

---

[1] Voir à ce sujet l'étude intitulée *L'Automobilisme au point de vue militaire*, parue dans les numéros d'août et de septembre 1899.

d'armée, les bataillons de chasseurs allemands stationnés à Colmar et à Schlestadt étaient accompagnés des mitrailleuses dont ils sont pourvus depuis peu de temps. Ces mitrailleuses sont du système Maxim ; elles sont traînées par deux chevaux et peuvent tirer cinquante coups à la minute. D'après le *Berliner Tageblatt*, le bataillon de chasseurs de la garde, à Potsdam, est également doté de quatre de ces mitrailleuses.

Le bataillon des chasseurs de la garde et quelques autres bataillons de chasseurs ont fait tout récemment des expériences avec des mitrailleuses disposées sur des affûts à deux roues, assez légers pour pouvoir être portés ou traînés à bras d'hommes. On réussit ainsi à passer et à pénétrer partout où l'infanterie peut circuler, et par suite en des points et dans des conditions interdits à des mitrailleuses attelées de chevaux. En outre, pour réunir tous les avantages, ces mitrailleuses peuvent, à volonté, être attelées de chevaux ou traînées à bras d'hommes. Les attelages les amènent jusqu'au point le plus rapproché, d'où elles sont portées ou roulées par deux hommes jusque sur la ligne de tirailleurs.

Les coffres à munitions font l'objet de dispositions analogues. Dans ces coffres, les cartouches sont placées sur des bandes de toile qui s'engagent mécaniquement et rapidement dans la mitrailleuse.

Il paraît, d'ailleurs, que la mitrailleuse ne tardera pas à être remplacée par le canon à tir rapide de même calibre (37^{mm}), inventé récemment par le constructeur Maxim et donnant des résultats merveilleux. Aussi, à la suite d'expériences concluantes, le gouvernement anglais a fait une commande considérable de ces canons. Chacun de ceux-ci tire un projectille de 37^{mm} pesant 567 grammes avec une charge de poudre sans fumée de 82 gr. 62, donnant une vitesse initiale de 715 mètres. Le projectile éclate en 40 morceaux. La vitesse du tir peut atteindre facilement 300 coups à la minute, grâce à la disposition des cartouches sur des bandes de toile, à raison de 50 par bande. Enfin, la construction du canon est très simple et les éléments en sont très rustiques. L'affût, bien qu'immobilisé dans la position de tir, peut, grâce à une disposition particulière, permettre de déplacer le canon de 30° à droite et de 30° à gauche de l'axe de l'affût. Ainsi, en comparaison des 6,000 balles que la mitrailleuse Maxim tire à la minute, le canon de même calibre peut produire 12,000 éclats dans le même temps.

D'après le journal *Armée et Marine*, du 8 octobre 1899, des mesures sont prises au ministère de la guerre pour que, dans un temps rapproché, notre infanterie alpine soit dotée d'une mitrailleuse automatique système Hotchkiss modèle 1899, pouvant tirer jusqu'à 600 coups par minute. Dans ces conditions, nos mitrailleuses seraient bien supérieures à celles du système Maxim, que viennent d'adopter les Allemands et qui ne sont pas automatiques. Nous n'entrerons pas dans la description de cet engin, que l'on trouvera dans le n° 33 de la revue précitée. Les cartouches sont attachées sur des bandes de laiton, portées sur une roue qui forme tonnerre. L'arme est munie d'une crosse que le tireur appuie à son épaule, d'une gâchette de pistolet et d'une détente pour régler le feu.

Des feux relativement lents peuvent être exécutés à raison de 100 coups par minute ; les feux rapides peuvent atteindre 500 et même 600 coups. Le poids total (sans support) n'est que de 24 kilogrammes. Deux hommes suffisent pour la manœuvre : l'un charge, l'autre pointe et tire.

Plusieurs types d'affûts peuvent être employés, suivant que l'arme est destinée à un service de montagne, de campagne ou de marine. Pour la montagne, on se sert d'un trépied pliant, transporté à dos de mulet ; pour la campagne, on emploie un affût à roues avec masque et un avant-train ; à bord, la mitrailleuse est sur un affût à chandelier.

En résumé, même sous ce rapport, nous ne serons distancés par personne.

On a eu raison de se demander si dans la guerre de montagnes des mitrailleuses ne sont pas capables de rendre de grands services par suite de la portée, de la vitesse, de la justesse du tir de ces pièces.

Il est évident que des mitrailleuses ne peuvent remplacer l'artillerie, même dans les montagnes, pour venir à bout de la résistance des obstacles matériels, mais pour économiser l'infanterie dans certains cas, sans compter que leur portée plus grande permet d'ouvrir le feu à une distance supérieure (2,000 mètres) avec plus d'efficacité. D'ailleurs, il est certains points de passage forcés, certains rétrécissements de vallées, qu'une mitrailleuse suffirait à battre complètement.

— Il convient peut-être de ne pas exagérer la portée de l'essai tenté en Allemagne avec les mitrailleuses Maxim, malgré les résultats extraordinaires de leur tir. Les fusils actuels ont une portée et une rapidité de tir telles qu'il n'existe que des cas fort rares où des mitrailleuses peuvent rendre des services que ne pourraient rendre ces fusils. Ce ne serait pas la peine d'intercaler dans les colonnes de marche de l'infanterie des pièces traînées par deux chevaux, c'est-à-dire un *impedimentum* nouveau.

Les mitrailleuses peuvent être avantageusement utilisées par les troupes de position, en montagne surtout, pour l'attaque et la défense des places et pour la défense des côtes. Mais leur emploi dans la guerre de campagne présentera des applications si rares, qu'on peut se demander si leurs inconvénients, en pareils cas, ne seront pas supérieurs aux avantages qu'elles présenteront.

On sait que, en Suisse, une section de mitrailleuses Maxim a été attribuée à chaque régiment de cavalerie et, en Angleterre, à chaque brigade d'infanterie ou de cavalerie et à chaque bataillon d'infanterie montée.

XIV. — Canons automatiques.

On sait que les armes à feu automatiques sont celles qu'il suffit de mettre en branle pour qu'elles continuent à tirer toutes seules jusqu'à ce qu'on les arrête ou qu'elles aient épuisé les projectiles de leur magasin. C'est ordinairement la force du recul qui produit ce résultat.

C'est l'inventeur Maxim qui, le premier, a proposé un canon de 37^{mm} basé sur ce principe. La marine française et plusieurs marines étrangères ont un certain nombre de ces canons en service.

Nous donnons ci-après quelques indications à ce sujet.

Le canon automatique de campagne Maxim. — Dans ce canon, le chargement, la mise de feu, l'extraction se font automatiquement par le recul résultant du départ du projectile et la rentrée en batterie que commande un ressort antagoniste. Il suffit d'un homme pour servir cette pièce, qui peut tirer avec une vitesse extraordinaire, car l'homme n'a qu'à maintenir la ligne de mire sur le but et à tenir le doigt sur la détente.

Des difficultés insurmontables dans le fonctionnement des organes ont empêché l'inventeur de dépasser le calibre de 37^{mm}, de sorte que l'efficacité des projectiles est moindre que celle des shrapnels, sans compter que leur portée et leur justesse laissent également à désirer.

Cette pièce, essayée par notre marine qui l'a perfectionnée, a un mécanisme d'une trop grande délicatesse et paraît peu utilisable à bord. D'un autre côté, l'artillerie allemande, qui l'a essayée systématiquement au point de vue de son emploi en campagne, a conclu que c'était une arme illusoire en pareil cas.

On ne s'explique donc pas que l'artillerie anglaise ait envoyé plusieurs de ces pièces au Transvaal, étant donné le peu d'effet des projectiles ainsi que les difficultés d'entretien et de réparation, à moins que ce ne soit à cause de la grande légèreté de ce canon, dont la pièce ne pèse que 189 kilogrammes et l'affût 348 kilogrammes.

Les indications suivantes achèveront de donner une idée suffisante de cette arme :

Les projectiles chargés pèsent 656 grammes et sont lancés à la vitesse initiale de 549 mètres, par une charge de 35 gr. 5 de poudre sans fumée. L'obus vide pèse 453 grammes et sa charge explosible est de 13 grammes. Ces munitions sont fixées sur des rubans, comme pour les mitrailleuses.

La pièce est munie de deux freins, dont l'un, hydraulique, sert à annihiler le recul, et l'autre est un fort ressort en spirale destiné à produire le retour en batterie. Il existe un appareil de sûreté ne permettant au percuteur de frapper la cartouche qu'après la fermeture de la culasse.

Outre le tir discontinu, obtenu en laissant le doigt du pointeur appuyé sur la détente, on peut tirer coup par coup en ne remplissant pas cette condition ; dans le cas du tir isolé, il suffit de presser et de lâcher la détente, comme pour le fusil. La rapidité du tir peut être modifiée par l'action convenable des freins.

On peut communiquer à la pièce un certain mouvement de rotation sur son pivot, de telle sorte que le canon en oscillant à droite et à gauche tire en fauchant, comme on dit vulgairement.

Est-il impossible d'obtenir pratiquement des canons automatiques d'un calibre quelconque? Il semble que non, car, d'après *Armée et Marine*, du 6 août 1899, des projets ont été présentés au ministère de la marine pour appliquer le principe aux canons de 305^{mm}, le plus grand calibre employé. Nous renvoyons au besoin à cette revue pour les détails de l'idée.

En ce qui concerne l'efficacité de ces canons, il y a lieu de se reporter à ce qui a été dit pour les mitrailleuses. D'un autre côté, il ne paraît pas possible de rendre automatiques des canons pour projectiles de campagne (0^m,75 environ) et, en supposant qu'on arrive à ce résultat, on ne voit pas bien quels services ces canons pourraient rendre avec la vitesse de tir des canons de campagne actuels, sans compter qu'il ne serait pas possible d'avoir, pour les canons automatiques, un magasin ou un approvisionnement suffisant.

XV. — Transvaal et État d'Orange.

Bien que visant en principe uniquement l'artillerie à tir rapide des puissances européennes, il n'est pas sans intérêt de donner quelques renseignements sur le matériel de ce genre en service dans les républiques sud-africaines. Nous résumons ci-après les indications données à ce sujet par la *Revue d'Artillerie* de février 1900.

La République du Transvaal possède actuellement 30 canons de campagne à tir rapide, du calibre de 7^{cm},5 groupés par batteries de 4 pièces, savoir :

4 batteries de canons lourds, système *Schneider-Canet*, avec fermeture à vis, affût à flèche élastique avec bêche de crosse fixe. Les projectiles sont le shrapnel, ou plus exactement l'obus à mitraille et l'obus-torpille. Il n'y a pas de boîte à mitraille ;

2 batteries de canons légers, système *Krupp*, avec fermeture à coin, affût rigide pourvu d'une bêche de crosse à ressort. Ces canons tirent la boîte à mitraille, le shrapnel et peut-être aussi l'obus brisant ou l'obus-torpille ;

1 batterie 1/2 de canons, système *Maxim-Nordenfelt*, avec fermeture à vis, affût rigide avec bêche de crosse fixe, recul du canon sur l'affût. Les projectiles sont le shrapnel et la boîte à mitraille.

Ces trois espèces de canon ont un appareil de pointage en direction, et tirent une cartouche métallique complète, chargée de poudre sans fumée. Leur vitesse de tir est d'environ 10 coups à la minute. Les canons de campagne lourds, de provenance française, sont plus puissants, mais aussi plus lourds.

L'État libre d'Orange possède un groupe de 14 pièces de campagne à tir rapide, du système Krupp et du calibre de 7 centimètres. Ils ont à peu près la même puissance que les canons légers du Transvaal.

Cette dernière République possède en outre :

1° 1 batterie d'obusiers de 12 centimètres, système Krupp, et 1 batterie d'obusiers de 12 centimètres, système Schneider-Canet ;

2° 6 batteries de canons automatiques de 3cm,7, Maxim-Nordenfelt, dont une partie sur affûts de campagne et le reste sur affûts de place ;

3° Vraisemblablement, de 45 à 50 mitrailleuses automatiques Maxim, les unes du calibre de 11mm,4, les autres du calibre de 7 millimètres.

Malgré l'artillerie perfectionnée employée judicieusement aussi bien par les Anglais que par les Boers, on sait, d'après le commandant Albrecht, chef de l'artillerie boer, que l'artillerie, dans la guerre sud-africaine, est loin d'avoir produit autant d'effet qu'on aurait pu le croire. Il a exprimé l'avis que, pour la défensive, l'artillerie de campagne ne semble pas destinée à jouer un rôle brillant et que, quant à l'attaque, cette artillerie est surtout utile pour intimider l'ennemi, afin que le corps d'attaque puisse avancer sous sa protection.

XVI. — Conclusions.

Actuellement, seules l'Allemagne et la France ont adopté un nouveau matériel complet d'artillerie de campagne à tir rapide. La Russie s'est contentée de changer les affûts ; l'Autriche et l'Italie se sont bornées, jusqu'à présent, à modifier leurs bouches à feu de manière à augmenter la rapidité du tir. Mais toutes ces puissances, y compris l'Angleterre, n'ont pas cessé de poursuivre les études et de continuer les essais en vue d'arriver à l'adoption d'un nouveau modèle de canon de campagne. Pour la plupart même, les expériences peuvent être considérées comme ayant donné des résultats définitifs, et la question des crédits nécessaires est la raison majeure du retard apporté à la fabrication d'un nouveau matériel. C'est ce qui explique que les puissances dont les finances sont obérées sont restées en arrière du mouvement commencé.

Nous avons fait ressortir, au début de cette étude, les principes généraux qui paraissent avoir prévalu dans l'adoption et la construction du nouveau matériel. Nous avons indiqué, en passant, certaines des conséquences qui résulteront de son adoption, sans nous appesantir sur les questions de réorganisation du personnel, qui soulèvent des discussions passionnées et qui, il faut l'espérer, finiront par recevoir la solution la plus convenable pour le bien de l'armée. On peut désirer aussi que le mystère qui a entouré avec raison notre nouveau matériel cesse le plus tôt possible, maintenant qu'il n'y a plus à craindre que les armées étrangères cherchent à copier notre système. Au contraire, il peut y avoir intérêt, croyons-nous, pour le pays et pour l'armée, à le bien connaître, afin d'avoir en lui toute la confiance qu'il mérite et de savoir, partant, tout le parti qu'on peut en tirer.

Nous n'avons pas parlé non plus des modifications profondes qu'apportera dans la tactique l'entrée en ligne de ces nouveaux canons. On sait que le tir rapide facilite ce que l'on appelle le *tir par rafales*, c'est-à-dire celui qui, après un réglage assuré, donne un feu à toute vitesse et de courte durée. On comprend que, tant que cette artillerie n'aura pas cessé son feu, aucune troupe ne pourra se mouvoir dans le rayon d'efficacité de ses projectiles. Il en résultera, par suite, un duel d'artillerie formidable entre les deux positions adverses, jusqu'à ce que l'une des deux ait pu faire taire le feu de l'autre, lutte d'une intensité inouïe, dont les batailles du passé ne peuvent donner l'idée et qui peut malheureusement se terminer pour l'une des deux artilleries, non faute de combattants, mais faute de munitions. Avant d'entamer une pareille lutte, il faudra donc avoir bien soin, non seulement de choisir d'excellentes positions, mais aussi de s'assurer qu'on disposera de munitions suffisantes pour la mener à bonne fin. On peut juger par là de l'importance de la question du ravitaillement en munitions.

Dans ces conditions, il faudra naturellement, pour obtenir la supériorité sur l'artillerie adverse, chercher à faire entrer en ligne un nombre de pièces plus important, disposant d'un approvisionnement suffisant de munitions, et faire en sorte de tirer de cette artillerie un meilleur parti que l'adversaire, tant par le choix judicieux des positions, que par l'emploi bien compris d'une arme qui possède actuellement une efficacité merveilleuse à toutes les distances de combat.

D'ailleurs, en ce qui concerne le matériel, bien des points ne paraissent pas encore complètement élucidés et peuvent recevoir des solutions différentes. Ainsi l'on n'est pas d'accord sur le meilleur système d'affût et de frein, sur le meilleur projectile et la meilleure poudre, sur le mode de ravitaillement des munitions, sur les conditions et la vitesse du tir, sur l'utilité des boucliers, etc.

Néanmoins, toutes les grandes puissances ne tarderont pas à disposer d'un matériel d'artillerie de campagne possédant des propriétés à peu près équivalentes, bien que différant sous certains rapports et dans certaines parties.

D'un autre côté, la nouvelle pièce étant liée aux routes ne peut, malgré sa mobilité et sa légèreté, tenir lieu d'une pièce de montagne devant être mise en position dans les vallées les plus élevées et sur les hauteurs où l'on ne peut amener de l'artillerie qu'à dos de mulet. Toutefois, on a obtenu dès à présent le résultat très avantageux de pouvoir adopter le même calibre et le même projectile que pour l'artillerie de campagne, de sorte que la constitution des approvisionnements de projectiles en sera facilitée.

Pour terminer, nous tenons à insister sur le point que, quoi qu'on en puisse dire à l'étranger, notre nouveau matériel d'artillerie de campagne est en mesure de lutter avec avantage, à tous les points de vue, avec celui des autres armées européennes.

Voici, d'ailleurs, comment le général Dragomiroff affirme la supériorité de notre canon sur celui des Allemands :

« Le nouveau matériel allemand est dès à présent suranné. L'expérience des uns, soit en bien, soit en mal, crée pour les derniers venus un avantage; on peut, par exemple, profiter aujourd'hui des résultats acquis, grâce au talent des artilleurs français. Ils ont obtenu une telle fixité de l'affût (par suite une constance si parfaite du pointage), qu'une pièce de monnaie, qu'on pose sur une roue au sommet du cercle, reste en place après un nombre indéfini de coups. Les servants de la pièce peuvent être *assis* sur l'affût pendant le tir et remplir leurs fonctions sans la moindre incommodité.

« L'extrême rapidité du tir annule pour ainsi dire la vitesse des buts animés, car ces buts sont instantanément gagnés dans leur marche par le jet de feu qui les poursuit; le tir sur but mobile cesse par là d'être distinct du tir sur but fixe. »

En outre, comme les artilleurs français ne sont tributaires d'aucun ingénieur étranger au service de l'artillerie, le secret est bien gardé.

Paris. — Imprimerie R. Chapelot et Cⁱᵉ, 2, rue Christine.

PARIS. — IMPRIMERIE R. CHAPELOT ET Cº, 2, RUE CHRISTINE.

NOTE

SUR UNE

LAMPE MUESELER

AYANT PRODUIT UNE FLAMBÉE DE GRISOU

PAR

M. G. CHESNEAU,

Ingénieur en Chef des Mines.

(Extrait des ANNALES DES MINES, livraison de Mars 1900.)

PARIS

V.ᵛᵉ Cʰ. DUNOD, ÉDITEUR

LIBRAIRE DES CORPS NATIONAUX DES PONTS ET CHAUSSÉES, DES MINES
ET DES TÉLÉGRAPHES

49, Quai des Grands-Augustins, 49

1900

www.ingramcontent.com/pod-product-compliance
Lightning Source LLC
Chambersburg PA
CBHW071349200326
41520CB00013B/3162